空间绘

建筑速写与手绘创作

刘韩昕 著

同济大学出版社 · 上海

TONGJI UNIVERSITY PRESS · SHANGHAI

图书在版编目（CIP）数据

空间绘 ： 建筑速写与手绘创作 / 刘韩昕著 .
上海 ： 同济大学出版社，2024. 7. -- ISBN 978-7-5765-
1131-4
　　Ⅰ . TU204.11
　　中国国家版本馆 CIP 数据核字第 2024ZY7473 号

空间绘：建筑速写与手绘创作
刘韩昕　著

责任编辑 徐　希
责任校对 徐逢乔
装帧设计 刘韩昕 赵欣然
书　　法 刘韩昕
出版发行 同济大学出版社
　　　　　（地址：上海市四平路 1239 号　邮编：200092　电话：021-65985622）
经　　销 全国各地新华书店
印　　刷 上海安枫印务有限公司
开　　本 787mm×1092mm　横 1/16
印　　张 5.75
字　　数 115 000
版　　次 2024 年 7 月第 1 版
印　　次 2024 年 7 月第 1 次印刷
书　　号 ISBN 978-7-5765-1131-4
定　　价 78.00 元

目录

前言

壹

貳

叁

寫生遊記

建築筆記

手繪創作

前言

　　建筑学作为古老而弥新的学科，与手绘有着不解之缘。步入数字化时代，技术工具的崛起带来了前所未有的效率，传统手绘在建筑设计领域似乎失去了一部分舞台，但仍然承载着独特的价值和意义。

　　对建筑师而言，手绘是与生俱来的伙伴，伴随着建筑师的成长、经历与探索。作为一种学习方法，手绘是一种特有的图像笔记手段，帮助我们快速地记录和学习大量的设计案例，俗话称"笔头子"；作为一种审美过程，手绘又是一种沉浸式体验，捕捉建筑师对场所独有的感触和情感；作为一种创作手段，手绘更可以帮助建筑师自由地探索想象和创造，并将灵感一瞬呈现在笔纸之间。本书从写生游记、建筑笔记、手绘创作三个部分，全过程地呈现了个人成长历程中的手绘记录，既是总结，更是期许。在此，我要感谢导师蔡永洁教授，他启蒙了我对建筑手绘的热爱，更是我自勉前行的标杆，感谢同济大学出版社对本书出版工作给予的协助和支持。

　　谨以此书与所有热爱手绘的建筑人共勉。

2024 年 5 月

壹

寫生遊記

巴黎圣母院是一座充满神秘色彩的城堡，让笔者对巴黎这座浪漫的城市产生了无限遐想。

巴黎圣母院大教堂，法国 2009.8
工具：铅笔

孔雀岛上的小楼，德国 2009.7
工具：铅笔

孔雀岛是位于德国柏林西南的一座郊野公园，邻近波茨坦无忧宫。岛上这栋小楼曾是普鲁士国王的夏季疗养地，在楼顶天桥能一览岛上美景，它本身也成为了建筑师眼中的有趣风景。

君士坦丁凯旋门毗邻罗马斗兽场，向过往的游客诉说着曾经拥有过的辉煌与落寞。

君士坦丁凯旋门，意大利 2009.3
工具：铅笔

佛罗伦萨老城，意大利 2009.2

工具：铅笔

站在佛罗伦萨的米开朗基罗广场向老城望去，花之圣母大教堂的穹顶像是这座城市的心脏，它占据着城市中心，也占据着人们的精神家园。

位于德国波茨坦的采茨利霍夫宫是《波茨坦公告》的签署地。庭院内
田园风建筑屋顶上各式的烟囱像跳动的音符，给静谧的庭院带来几分生趣。

采茨利霍夫宫庭院，德国 2009.7
工具：铅笔

圣家族大教堂，西班牙 2009. 8
工具：铅笔

圣家族大教堂是西班牙建筑大师安东尼奥·高迪的代表作。从远望过去，教堂如同置身于海上的奇异城堡。

在雅典卫城的山脚下，剧场遗址前的小广场提供了一个令人惊喜的
角度。顺着古老的城墙望去，山顶的帕提农神庙恰到好处地露出一隅。

古老的剧场，希腊 2009.2
工具：铅笔

古堡下的小屋，德国 2009.3
工具：铅笔

沿着通往海德堡王宫的山路回望，一栋冒着炊烟的小屋紧紧依偎在古堡城墙脚下。

海德堡老城是一座屋顶形态丰富的城市，坐在河边远望老城，戴着各式"帽子"的建筑呼应着起伏的山脊，山与城俨然融为一体。

海德堡老城，德国 2009.3
工具：铅笔

斯福尔扎城堡，意大利 2009.2
工具：铅笔

乘着夕阳余晖，笔者记录下米兰这座建于15世纪的斯福尔扎城堡。据说这里曾是欧洲当时最大的要塞，气势可见一斑。但如今它已静静地沉睡，给喧闹的城市带来了一分孤寂和沉静。

眼前的帕提农神庙虽已是断壁残垣，但丝毫没有减弱它的雄伟气势。雄壮的多立克柱式与其背后深邃的阴影构成强烈的对比，广角的构图才能显出笔者此时心灵的震撼。

雅典卫城帕提农神庙，希腊 2009.2
工具：钢笔

科尔多瓦大清真寺，西班牙 2009.7
工具：铅笔、毛笔、水墨

在街道上看去，清真寺的门楼和院内的寺塔似乎正在进行着神秘的宗教对话。

阳光下的巴黎圣母院大教堂呈现出丰富的光影变化，与桥和流水共同勾勒出精致的场景，静候来自世界各地的游客为它驻足。

塞纳河边的大教堂，法国 2009.8
工具：铅笔、毛笔、水墨

风车，荷兰 2009.8
工具：铅笔、毛笔、水墨

风车静静地伫立在广袤的农场之中，与静静的溪流、杂乱
而富有生机的野草融为一体。这里就是风车的故乡——荷兰。

巴黎拉维莱特公园中似波浪起伏的长廊强化了公园的线
性元素。长廊与周围景色刚柔相济，形成了有趣的空间联系。

巴黎拉维莱特公园，法国 2009.8
工具：铅笔、毛笔、水墨

卢浮宫雕塑花园，法国 2009.8
工具：铅笔、毛笔、水墨

这座雕塑花园通过圆弧形的背景柱廊和花架营造出宜人的围合
尺度，为中央雕塑提供了一个静谧的舞台，供人们驻足休憩与遐想。

以精美雕塑而著称的柏林大教堂在如盖的树荫中显得宏伟大气，
它本身又何尝不是一座巨型雕塑，在广场上向人们展示着它的英姿。

柏林大教堂，德国 2013.7
工具：铅笔、毛笔、水墨

沙滩上的木舟，波兰 2012.7
工具：铅笔、毛笔、水墨

在波兰城市什切青的海边，一艘小舟半卧在沙滩上。潮涨时分，船头随着海浪起伏，让人不禁为它着笔。

苏州沧浪亭是一座滨水园林，亭廊与园外的街道一水之隔，遥相呼应。

苏州沧浪亭一角，中国 2013.8
工具：铅笔、毛笔、水墨

贰

建筑笔记

LICHT（采光）

钢结构的廊桥与入口处的架空处理将人的视线引向无穷，建筑的重量感在消失，轻盈地悬浮在树林之中。

郊野别墅案例笔记 2003.7
工具：钢笔

view.

▷view

view A
（视线）

校园建筑案例笔记 2004.9
工具：钢笔

底层架空和上层悬挑结构最大限度保持了校园绿道的流畅性，也巧妙地创造了建筑的入口空间。

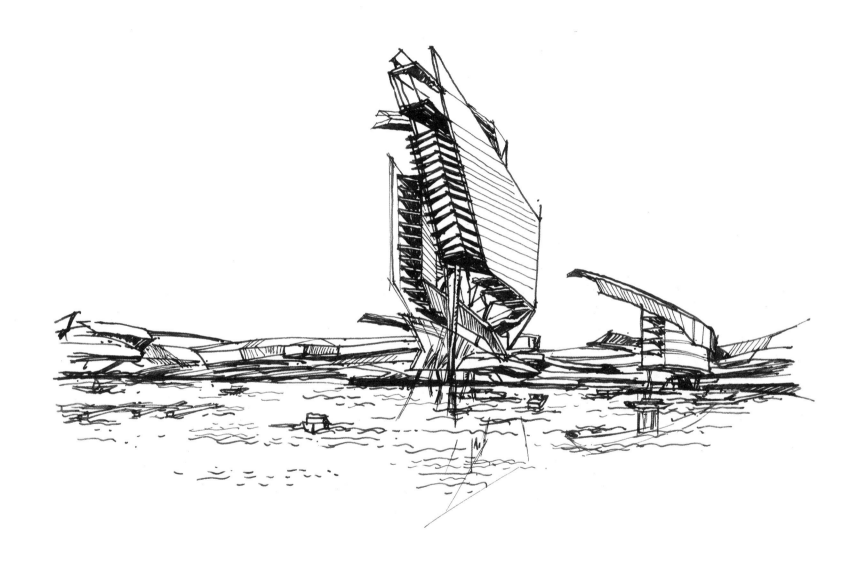

手绘记录一个富有机械感和仿生感的滨水建筑设计案例。

滨水建筑案例笔记 2003.7
工具：钢笔

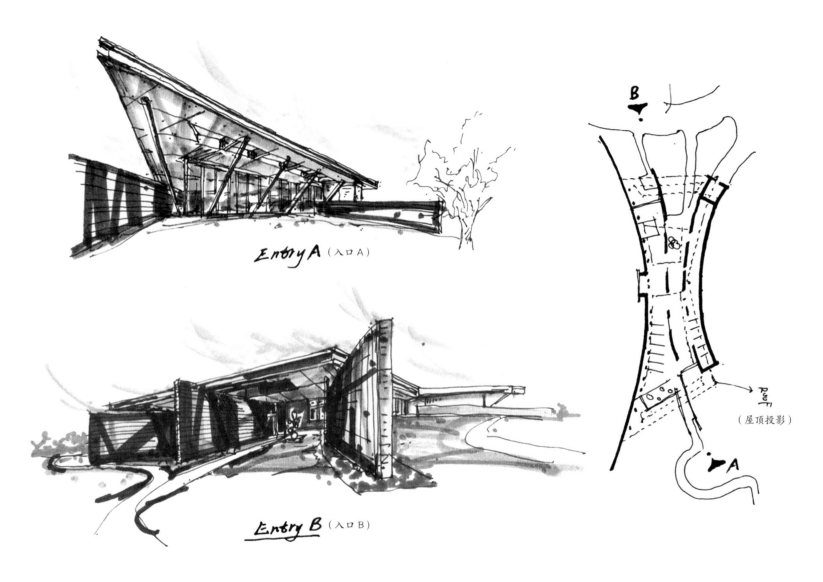

Entry A（入口A）

Entry B（入口B）

B

Roof
（屋顶投影）

A

办公建筑案例笔记 2004.9
工具：钢笔、马克笔、彩铅

简洁明快的弧形片墙勾勒出开放而连续的空间结构，同时也是入口造型的构成元素。

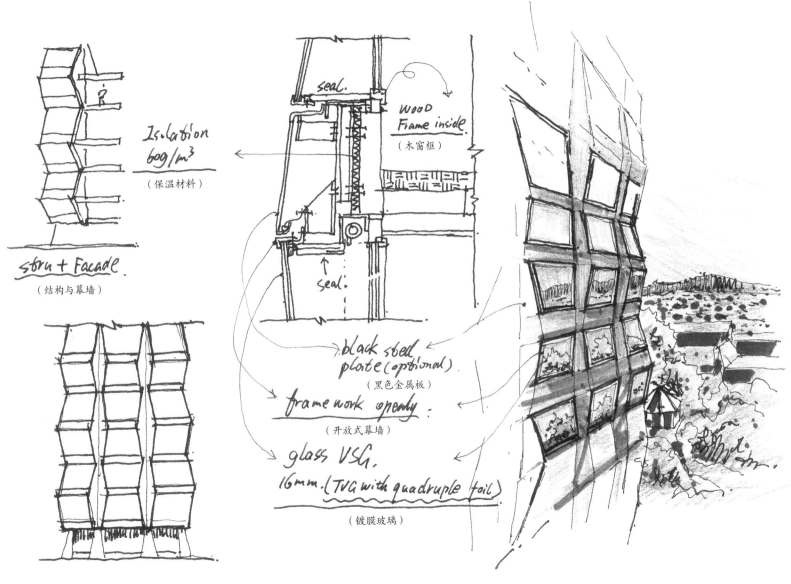

Isolation 60g/m³
（保温材料）

strn + Facade.
（结构与幕墙）

seal.

WooD Frame inside
（木窗框）

seal.

black steel plate (optional).
（黑色金属板）

frame work openly.
（开放式幕墙）

glass VSG. 16mm.(TVG with quadruple foil)
（镀膜玻璃）

一则集合住宅幕墙及其构造设计的案例笔记，凹凸折板化的外窗设计戏剧性地倒映出乡村景观。

集合住宅案例笔记 2003.7
工具：钢笔、彩铅

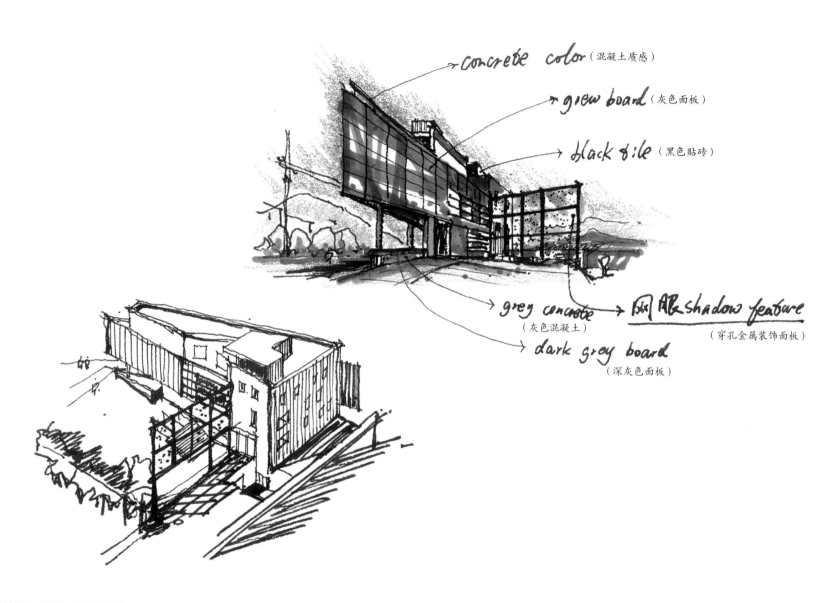

concrete color（混凝土质感）

grew board（灰色面板）

black tile（黑色贴砖）

grey concrete（灰色混凝土）

网 AB shadow feature（穿孔金属装饰面板）

dark grey board（深灰色面板）

材料运用案例笔记 2004.9
工具：钢笔、马克笔、彩铅

穿孔板形成的围合界面与建筑实体形成有趣的对比，也强化了对场地的限定感。

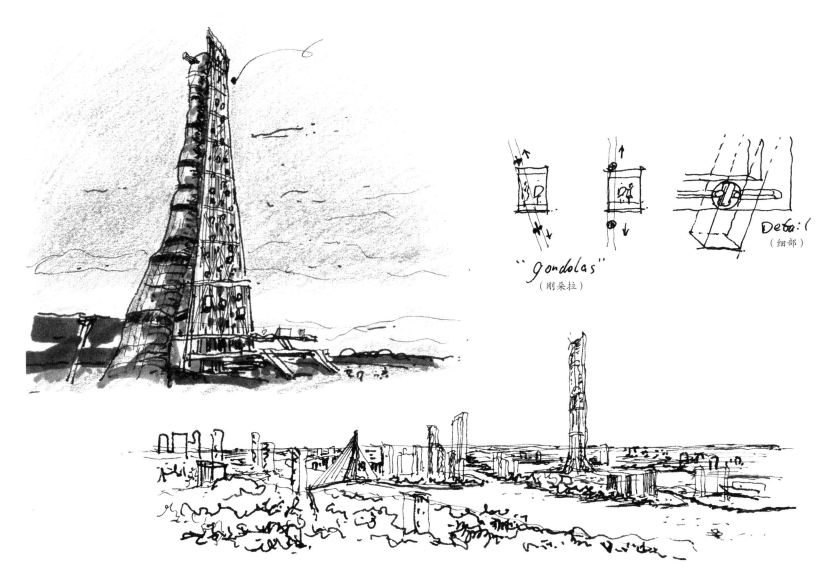

"*gondolas*"
（刚朵拉）

Detail
（细部）

这一城市高层酒店的设计方案提出了一个可变角度的垂直升降梯设想——"空中刚朵拉"，颇为有趣。

高层酒店案例笔记 2003.7
工具：钢笔、彩铅

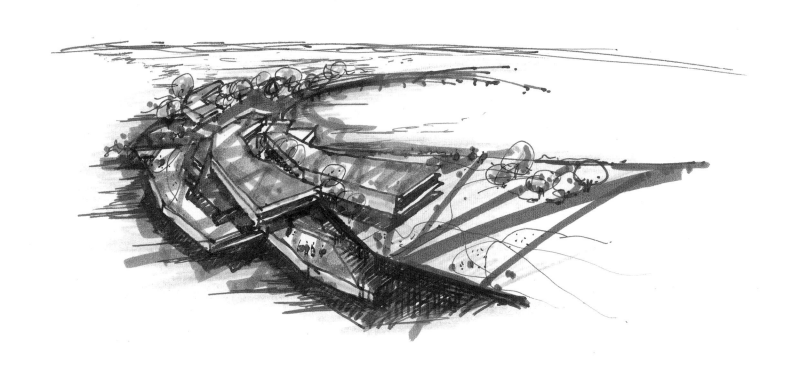

这一滨水建筑的形体充分彰显了延展、开放与流动的空间特色。

空中连廊消解了高耸塔楼的孤立感，同时也强化了内院的围合感，配合着暖色调的地面铺装与植栽，营造出尺度适宜、氛围安逸的庭院空间。

高层建筑案例笔记 2003.7
工具：钢笔、马克笔、彩铅

观演建筑案例笔记 2004.9
工具：钢笔、马克笔、彩铅

建筑立面通过粗犷的石材与开放通透的公共廊道形成强烈的对比，营造出一种引人入胜的感召力。

White skin（白色表皮）　　*Wood Bump*（木质凹凸表皮）

挪威奥斯陆音乐厅的门厅采用的材质搭配体现出典型的北欧特色。

观演建筑案例笔记 2003.7
工具：钢笔、马克笔、彩铅

master plan
（总平面）

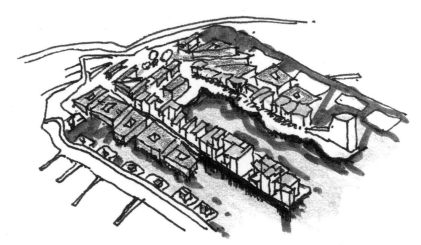

waterpand vision
（水上社区总体效果）

水上社区案例笔记 2004.9
工具：钢笔、马克笔、彩铅

（住户单元）

house type.

该案例方案在空间结构、肌理、界面、形态的处理上都渗透着一种严谨而不失活泼的"包豪斯味道"。

lights into plaza Low ground
（光线引入下沉庭院）

inner plaza
（内广场）

观演建筑案例笔记 2004.9
工具：钢笔、马克笔、彩铅

形式追随功能，弧面造型暗示了内部观演空间的形态，同时将
光线巧妙地引入地下庭院，创造了造型与品质兼具的下沉庭院空间。

(侧面视角)

建筑外挑阳台的凹凸造型配合材质颜色变化，体现了不同住户单元的独立个性，增强了不同住户的可识别性。

集合住宅案例笔记 2003.7
工具：钢笔、马克笔、彩铅

swim pool
（通往泳池）

大师作品案例笔记 2004.9
工具：钢笔、马克笔、彩铅

建筑大师理查德·迈耶的这一住宅设计简洁干练，玻璃的选色与白墙十分
协调，中央的穿越性廊道是该设计的一大特点，让后部的景观也得以渗透到街道。

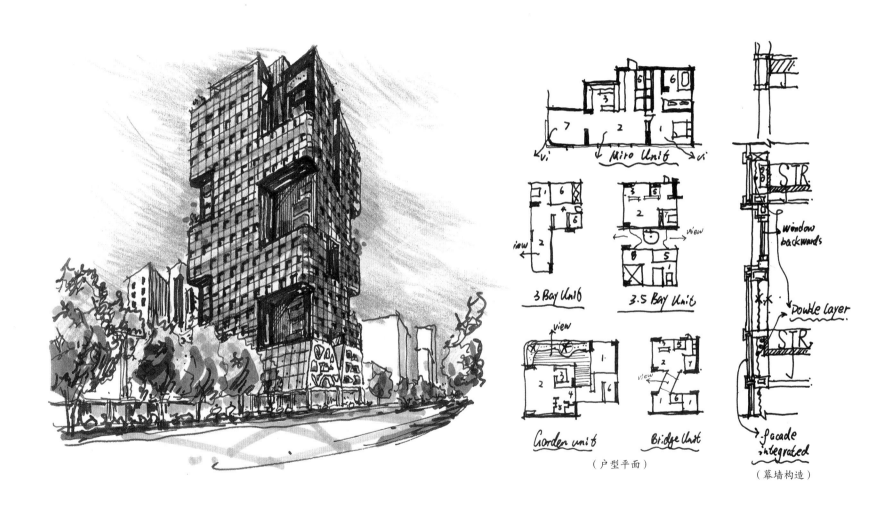

（户型平面）

（幕墙构造）

空中花园已成为未来城市高层住宅的发展方向。案例中的空中花园布局随着户型的调整而改变，避免了均质化现象。

空中花园住宅案例笔记 2000.7
工具：钢笔、马克笔、彩铅

西班牙建筑案例笔记 2004.9
工具：钢笔、马克笔、彩铅

建筑以现代简约的姿态坐落在沙丘之中，立面混凝土材质与沙丘景观相映成趣。

西班牙建筑案例笔记 2004.9
工具：钢笔、马克笔、彩铅

ELEVATION 1.

（立面效果1）

ELEVATION 2.

（立面效果2）

材料运用案例笔记 2004.9
工具：钢笔、马克笔、彩铅

ELEVATION 3

（立面效果3）

建筑立面造型充分发挥了锈蚀钢板的可塑性，塑造了强烈的流动感和节奏感。

材料运用案例笔记 2004.9
工具：钢笔、马克笔、彩铅

CORRIDOR
（连廊）

PLATFORM.
（露台）

SEA
（海面）

滨海住宅案例笔记 2004.9
工具：钢笔、马克笔

自由流动的平面布置隐喻了水的触感和形态，被刻意拉长的连廊空间以及多层次的露台，提供了丰富的亲水体验空间。

TRAM (有轨电车)

街道尺度紧凑而不失亲和力，建筑立面通过外挑构件的角度与节奏变化创造了活泼的街道界面形象。

城市街区设计案例笔记 2004.9
工具：钢笔、马克笔、彩铅

仿生建筑案例笔记 2006.7
工具：钢笔、马克笔

葡萄在沙丘中的建筑透露着强烈的仿生学趣味。

丹麦建筑事务所 BIG 提出的一个人工岛设计方案，岛上建筑如山，形态各异。夕阳余晖洒落在小岛上，自然又充满诗意。

城市设计案例笔记 2004.9
工具：钢笔、彩铅

住宅案例笔记 2004.9
工具：钢笔、马克笔、彩铅

简洁而纯粹的几何造型配以清新的用色，使整个建筑显得简单又不失风格，曲线的入口柔化了几何造型的刚硬。

起伏的屋面与远山相呼应，建筑体量被水平向的延展姿态所消解，充分展现了山地建筑的特色。

山地建筑案例笔记 2004.9
工具：钢笔、马克笔、彩铅

（黑色盖板）
BLAIK PANEL

（棕绿色铝质盖板）
ALLUMIN·BrownGreen

WIOD（木质饰面板）

RUCK. GREY.
（石材墙面）

旅馆建筑案例笔记 2004.9
工具：钢笔、马克笔、彩铅

这一地处北欧的旅馆建筑通过木材质和坡屋顶的运用营造出温馨的环境氛围。

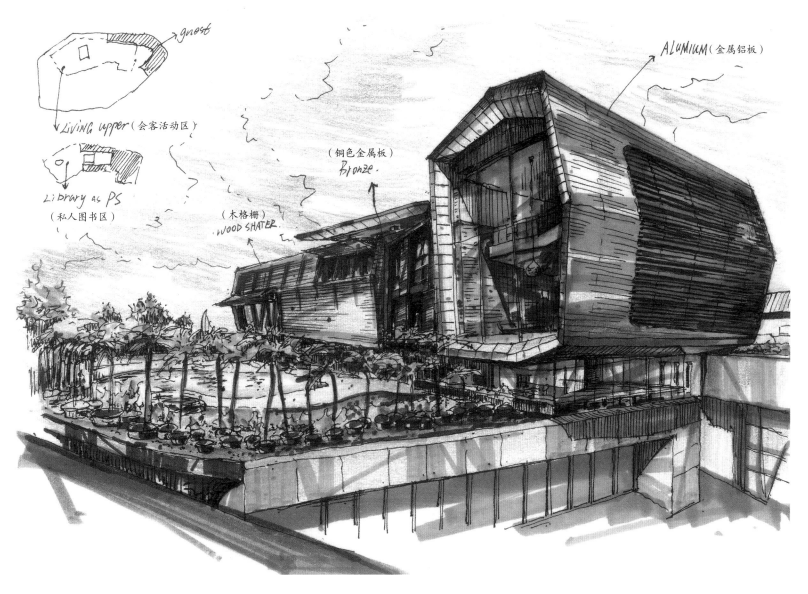

guest

LIVING upper（会客活动区）

Library as PS
（私人图书区）

ALUMIUM（金属铝板）

（铜色金属板）
Bronze.

（木格栅）
WOOD SHATER.

某东南亚国家的祖孙三代居别墅设计，可以看出设计师在努力尝试现代材料与传统地域材料的结合。

别墅案例笔记 2008.9
工具：钢笔、马克笔、彩铅

海滨浴场案例笔记 2004.9
工具：钢笔、马克笔、彩铅

葡萄牙建筑大师阿尔瓦罗·西扎设计的海滨浴场。人造物对自然环境的介入体现着对抗与共融的戏剧张力。

木材质的大量运用与绿化植栽相互映衬，退台设计的阳台配以遮阳百叶模块进一步创造了柔和且丰富的光影节奏和层次。

集合住宅案例笔记 2008.9
工具：钢笔、马克笔、彩铅

疗养建筑案例笔记 2004.9
工具：钢笔、马克笔、彩铅

建筑立面金属材质选色与热带植物相互映衬，一眼望去令人心旷神怡，营造出一种轻松、明快的氛围。

蠢立在公园中的三栋高层形态各异, 不同的造型及色彩体现了不同的建筑个性, 似乎在通过刚柔相济的风格传递这座城市的包容性。

城市高层案例笔记 2008.9
工具: 钢笔、马克笔、彩铅

地域建筑案例笔记 2008.9
工具：钢笔、马克笔、彩铅

地景墙与建筑片墙巧妙地融为一体，建筑如
同从大地中生长而出，粗犷的暖色毛石材质配以金属质感的立面材料与转折变化的空中庭院在夕阳下呈现出丰富的光影效果。

酒店综合体案例笔记 2012. 9
工具：钢笔、马克笔、彩铅

Family Hall
in kaunas.
2011.08.02

乡村住宅案例笔记 2011.8
工具：钢笔、马克笔、彩铅

锈蚀钢板包裹的形体被植入一片传统风格的村落中，大胆的材质运用和形体变化以独特的个性语言展开了新与旧的对话。

位于半山坡上的住宅通过逐层出挑的结构轻盈地立在绿草坡上，以一种优雅的姿态伸展于蓝天和绿地之间。

山地住宅案例笔记 2011.12
工具：钢笔、马克笔、彩铅

社区图书馆案例笔记 2012.8
工具：钢笔、马克笔、彩铅

悬浮的屋顶和通透的形体彰显着开放姿态。黄昏时分，冷色金属饰面和室内暖色的灯光形成有趣的光影对话。

四川省"5·12"汶川特大地震纪念馆以大地裂缝的地景手法将灾难瞬间凝固在建筑场景之中。作为该项目的设计参与者，笔者尝试用手绘呈现这一地景建筑的场所特质。

地景建筑案例笔记 2013.9
工具：钢笔、马克笔、彩铅

叁

手繪創作

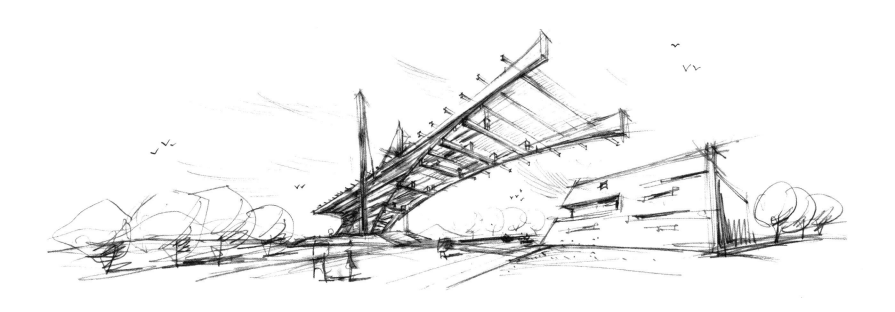

设计方案通过逐层出挑的木构形式创造出富有力学张力的入口空间效果。

园区入口设计 2007.10

工具：铅笔

城市文化中心设计 2010.9
工具：铅笔

设计方案通过不同表皮肌理的"空间盒子"创造建筑形体的组合与变化。

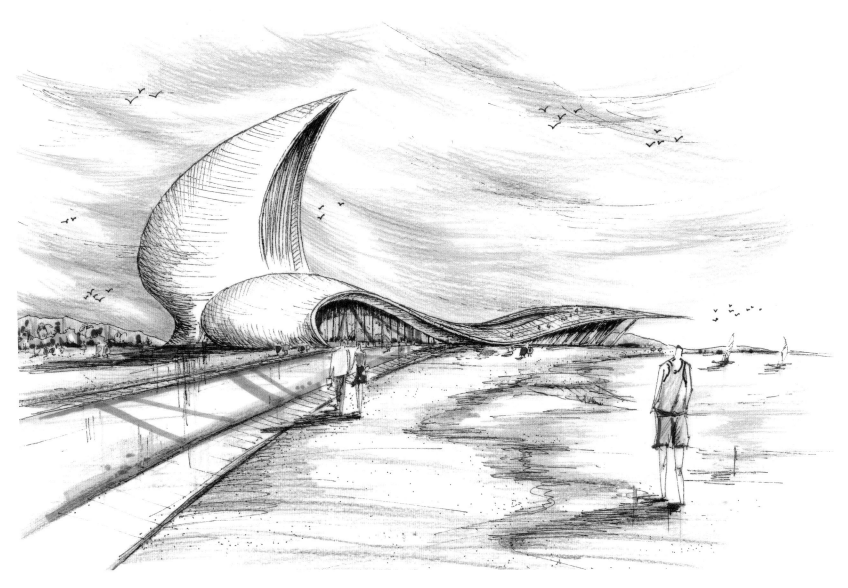

设计方案以海风、帆船为概念意象提出建筑造型创意。

海滨建筑设计 2006.3
工具：钢笔、彩铅

社区商业中心设计 2008.9
工具：钢笔、马克笔、彩铅

设计方案通过起伏变化的屋顶花园走廊和一组小高层形体，为社区创造出具有标识性且不失活力的生态景观界面。

设计方案通过手绘草图推敲和对比不同形体组合下的造型效果。

山地住宅设计 2005.6
工具：钢笔、彩铅

LED
灯槽

建筑立面改造 2006.9
工具: 工具: 钢笔、马克笔、彩铅

某商业建筑立面改造。设计利用灰度处理后的实景照片快速表现改造后的立面效果。

某医院建筑立面改造。设计利用灰度处理后的实景照片快速表现改造后的立面效果。

建筑立面改造 2006.9
工具：钢笔、彩铅

规划展示馆设计 2008.6
工具：钢笔、马克笔、彩铅

作为海南省三沙市规划展示馆的投标方案，该设计旨在突出海洋元素在建筑造型中的运用与表现。

新加坡某酒店中庭空间改造设计，尝试了手绘与实景照片拼贴的表现方式。

酒店中庭改造 2004.12
工具：铅笔、软件合成

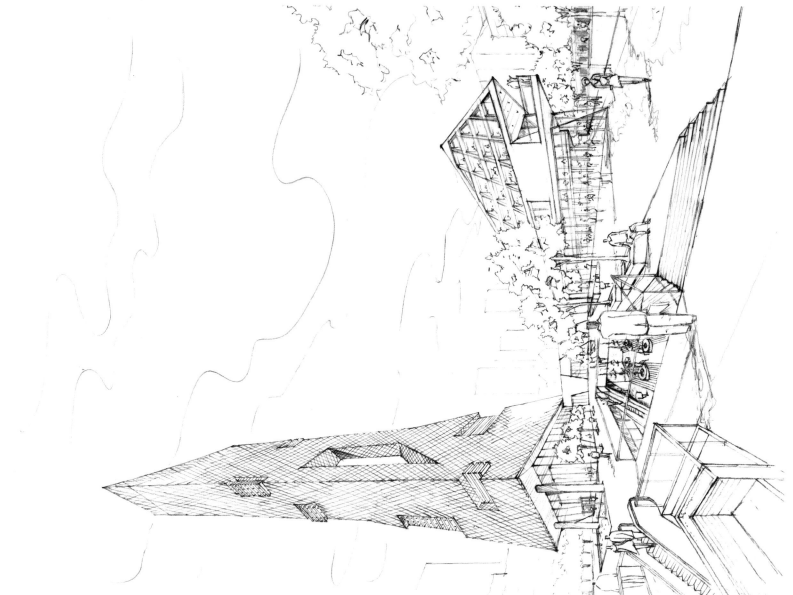

商业综合体设计 2016.9

工具：铅笔

一则办公、酒店、商业综合体方案设计手稿，该角度重点表现综合体内部庭院空间的尺度与氛围营造。

该角度主要展现综合体面向城市街道界面的造型和城市天际线。

商业综合体设计 2020.5
工具：钢笔、马克笔、彩铅

广西凭祥要塞博物馆设计手稿 2021.6
工具：钢笔、铅笔

广西凭祥要塞博物馆项目位于中国九大名关之一"友谊关"，设计理念以当
地传统石砌炮台要塞为造型意象，在建筑形体组合和空间造型中进行了现代演绎。

广西凭祥要塞博物馆设计效果图 2021.7
（图片来源：上海经纬建筑规划设计研究院）

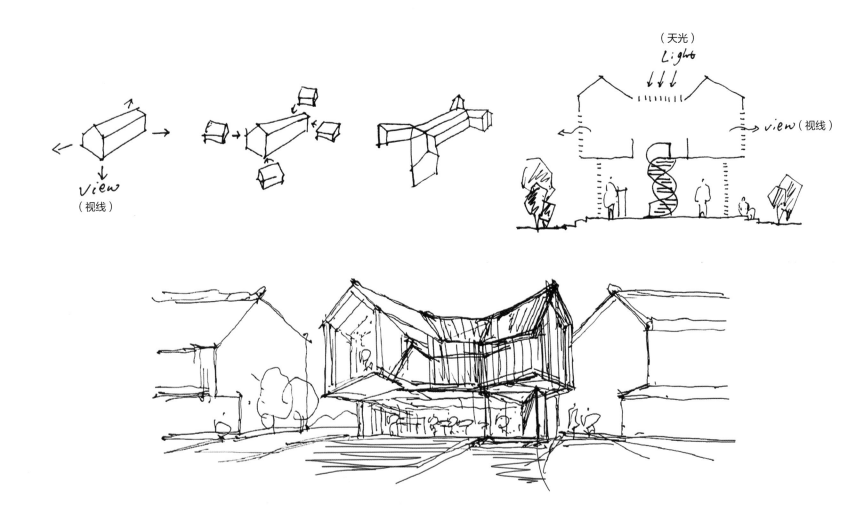

（天光）
Light

view（视线）

view
（视线）

江苏省卢集镇周岗嘴村咖啡小屋设计手稿 2022.12
工具：钢笔

江苏省卢集镇周岗嘴村咖啡小屋设计方案以"四方鱼嘴"为造型概念，再现了当地的传统渔文化。

周岗嘴村咖啡小屋设计效果图 2022.12
（图片来源：上海经纬建筑规划设计研究院）

south view
（南立面）

north view
（北立面）

（剖面）section

江苏省卢集镇周岗嘴村乡村会客厅设计手稿 2022.12
工具：钢笔

周岗嘴村乡村会客厅实景 2024.4
（图片来源：上海经纬建筑规划设计研究院）

江苏省卢集镇周岗嘴村乡村会客厅项目是当地乡村振兴工程的一部分，作为未来的旅游接待中心，该方案以"鱼篓"为造型主题，再现了当地传统渔市文化。该项目于2024年竣工并投入使用。

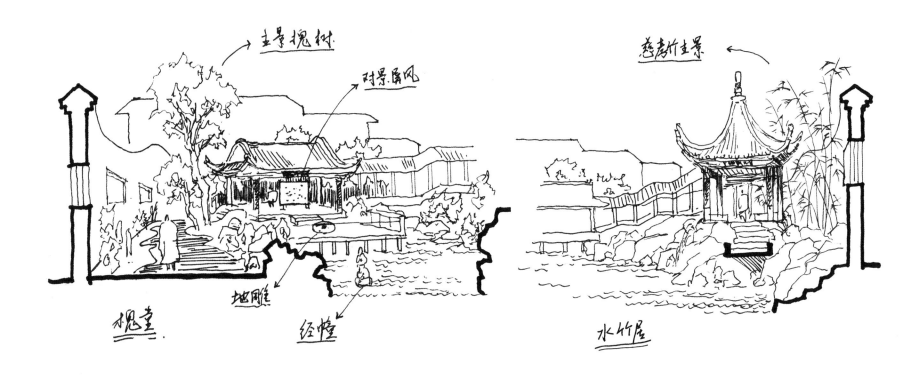

主景槐树

对景屏风

慈孝竹主景

地雕

经幢

槐堂

水竹居

苏州"抱拙别墅"项目位于拙政园北侧，该项目通过八个主题
园林将拙政园文化精髓在当代宅院营造实践中进行了传承与发扬。

"抱拙别墅"园林八景之"水竹居"实景 2021.5
（图片来源：中海地产集团）